图书在版编目(CIP)数据

火药 / 小沙著 ；王冰绘 . -- 兰州 ：甘肃少年儿童
出版社 ，2019.9（2020.7重印）
（中国名片．科技中国）
ISBN 978-7-5422-5495-5

Ⅰ．①火… Ⅱ．①小… ②王… Ⅲ．①火药－技术史
－中国－古代－少儿读物 Ⅳ．① TJ41-092

中国版本图书馆 CIP 数据核字 (2019) 第 172572 号

科技中国·火药

小 沙 著　　王 冰 绘

出 版 人：刘永升
总 策 划：刘增利　邓寒峰
策划编辑：肖维玲　刘赫臣
责任编辑：郑　屹
特邀编辑：樊姝廷
封面设计：王　冰
版式设计：李文静

出版发行：甘肃少年儿童出版社
　　　　　（730030　兰州市读者大道 568 号）
印　　刷：北京文昌阁彩色印刷有限责任公司
开　　本：889 毫米 ×1194 毫米　1/16
印　　张：3.25
字　　数：41 千
版　　次：2019 年 9 月第 1 版　　2020 年 7 月第 2 次印刷
印　　数：8001～13000
书　　号：ISBN 978-7-5422-5495-5
定　　价：38.00 元

火药

小黑求职记

小沙　著
王冰　绘

读者出版传媒股份有限公司
甘肃少年儿童出版社

小明最近对一种黑色的粉末非常感兴趣，他还给这种东西起了一个名字，叫"小黑"。

　　周六的一大早，小明就拉着爸爸开始研究"小黑"。刚刚找到一份新工作的爸爸心情非常愉快，他灵机一动，就用找工作做比喻，讲起了"小黑"的前世和今生。

最早的"小黑"：
脾气火爆的灵丹妙药

　　爸爸说："这个'小黑'，换过很多工作。它刚来到这个世界的时候，本来是一种药，想治病救人，甚至想让人长生不老。"

春秋至秦汉时期，很多人追求长生不老，特别是王孙贵族，非常痴迷，炼丹术也就此开始盛行。炼丹师把很多奇奇怪怪的材料按各种比例混合、加热，炼成丹药，认为人吃了可以强身健体，甚至长生不老。

硫黄和硝石是炼丹时常常用到的两种材料。炼丹师在炼丹的过程中偶然发现，用一定比例的硫黄、硝石跟木炭混合在一起的黑色粉末可以发生爆炸。于是，"小黑"产生了。

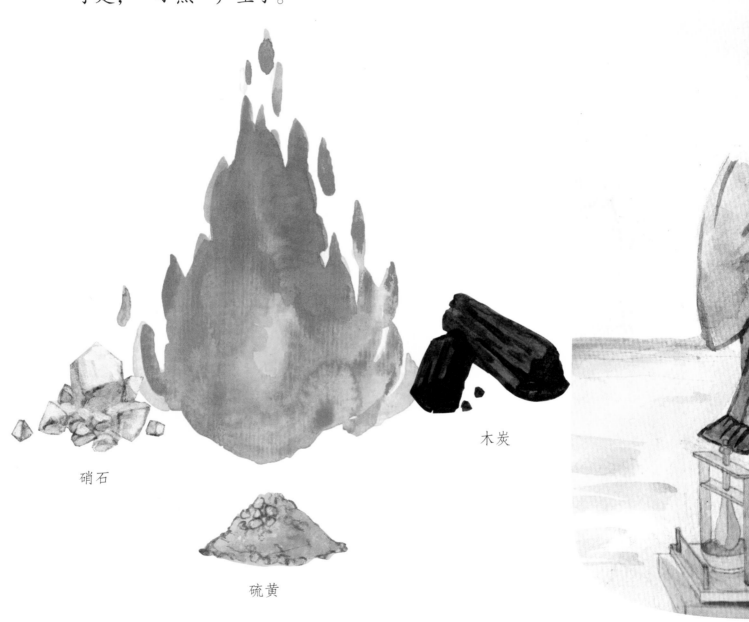

硝石

木炭

硫黄

《太平广记》里有这样一则故事：隋朝初年，有一个叫杜子春的人去拜访炼丹老人。他半夜惊醒，看见炼丹炉冒起了紫烟，顿时屋子燃烧起来。这可能是炼丹炉内的易燃药物引起的火灾。

　　一本唐朝人郑思远所著的炼丹书《真元妙道要略》也谈到用硫黄、硝石、雄黄和蜜一起炼丹失火的事，火把人的脸和手烧坏了，还直冲屋顶，把房子也烧了。

　　当时的炼丹师已经掌握了一条重要经验：硝、硫、碳三种成分可以构成极易燃烧的药，被称为"着火的药"，也就是火药。

唐代医学家孙思邈，总结前人的经验，编著了《**千金要方**》等许多医学著作。他在搜集古代药方的同时，也顺便搜集了火药的配方。

"药王"孙思邈虽然不是火药的发明者，但可以说是火药的传播者。

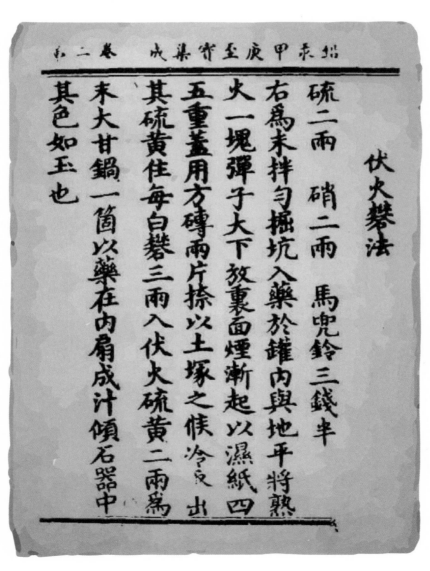

出自《铅汞甲庚至宝集成》

　　小明问道："这么说来，正因为'小黑'一开始是一种药，所以它的名字直到现在还有一个'药'字，火——药——，对吗？"

　　爸爸伸出大拇指："非常正确。不过，吃了这种药不仅不能治病或者长生不老，甚至还有生命危险，谁还敢吃？于是，'小黑'不得不开始寻找新的工作了。"

　　小明这下明白了，挠了挠头："原来，火药最早就是一种'脾气火爆的灵丹妙药'啊！"

第二份工作：
"小黑"当了魔术师助理

离开了炼丹师的家，"小黑"有些伤心，直到它遇到了一个魔术师。

在"小黑"的帮助下，魔术师的表演有了烟雾、火花，更加酷炫和惊险了，让观众觉得就像到了奇幻的仙境。

宋代演出的许多杂技节目，都运用刚刚兴起的火药制品，以制造神秘气氛。

就这样，"小黑"没有成为炼丹师手里的灵丹妙药，而成了魔术师的助手。虽然不能救人，但是能让看表演的人开心快乐，"小黑"还是非常喜欢这份工作的。

第三份工作："小黑"成了军中奇兵

偶然的机会，"小黑"被带到了一个兵营。一位观看了街头魔术的军官觉得，既然"小黑"可以在表演中喷火、爆燃，那么打起仗来一定也会有巨大的威力。经过试验，他用"小黑"做出了厉害的武器。就这样，"小黑"参了军，并很快成了一个奇兵。

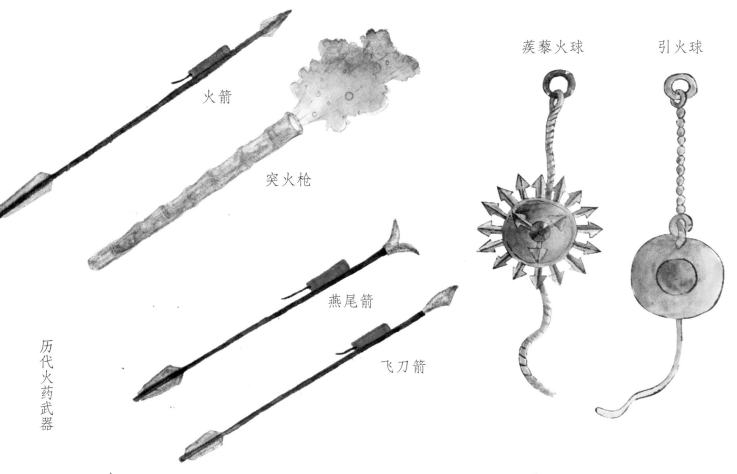

火箭

突火枪

燕尾箭

飞刀箭

蒺藜火球

引火球

历代火药武器

宋代时，火药在军事上得到了广泛使用，北宋为了抵抗辽、西夏和金的进攻，很重视火药和火药武器的试验和生产，北宋咸平三年（公元 1000 年）和咸平五年（公元 1002 年），神卫水军队长唐福和冀州团练使石普，曾先后在皇宫里制作了火箭、火球等新式火药武器，受到宋真宗的嘉奖。从此，火药成为宋军的标准装备。

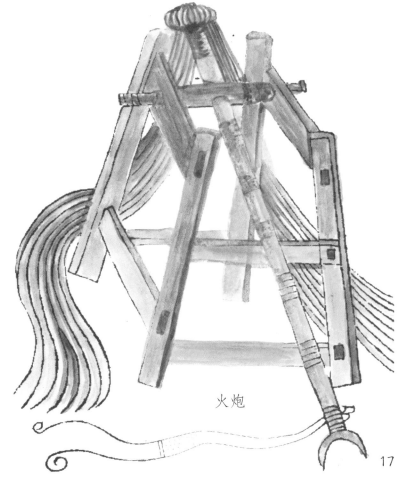

火炮

初期的火药武器，爆炸性能不佳，主要是用来纵火。围城者用箭头绑了火药包的"火箭"，发射出去点燃城门。

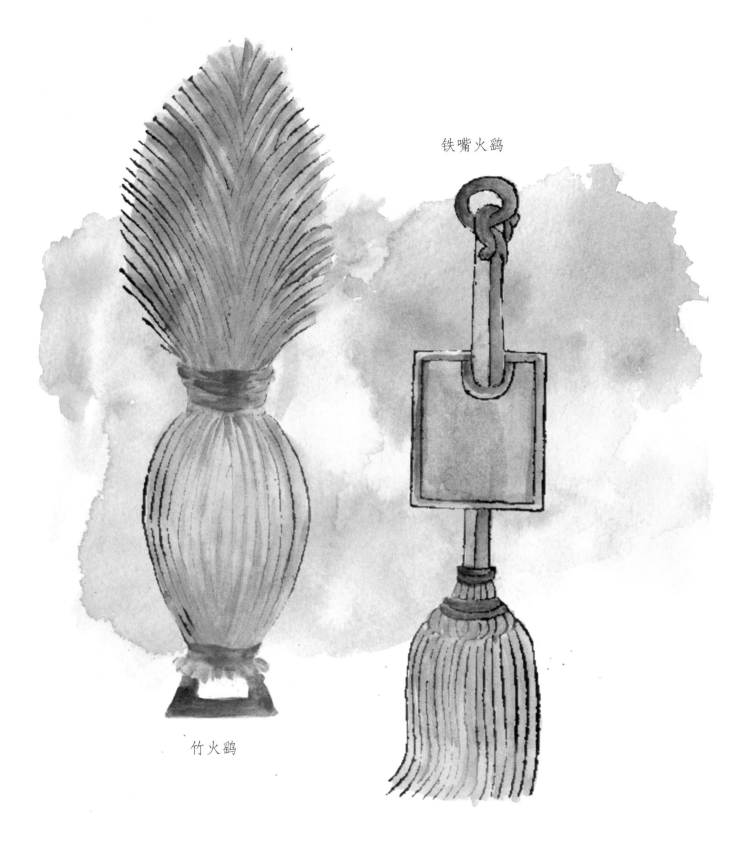

铁嘴火鹞

竹火鹞

这种火药只能作为燃烧剂，不会产生爆炸效果，和现代

枪炮中使用的爆炸性火药相差甚远。

随着工艺的改进，火药的爆炸性能加强，新型的火器也开始不断出现。

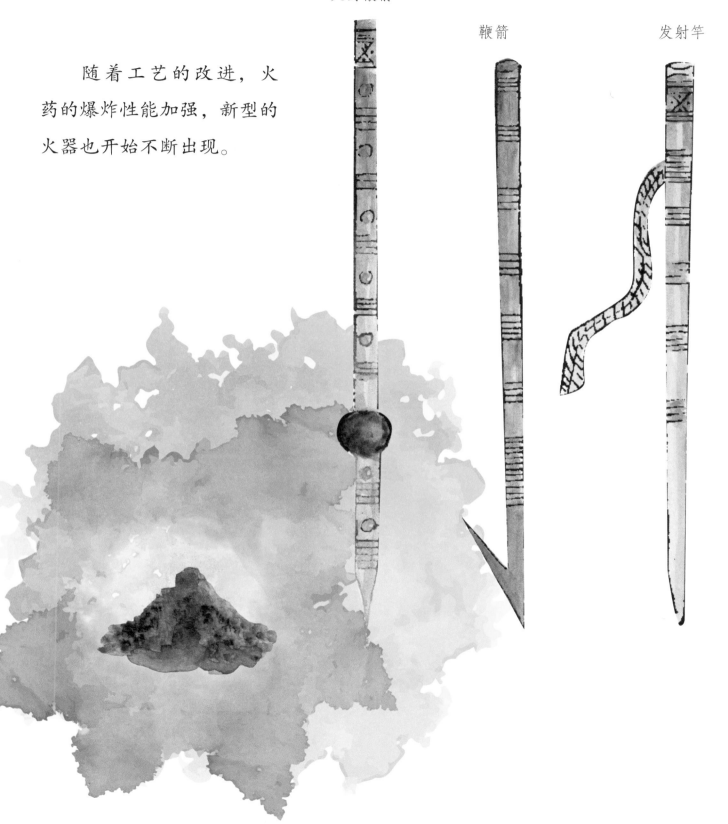

火药鞭箭

鞭箭

发射竿

北宋皇帝下令编写的《武经总要》里面记录了火药配方及多种火药武器，并配有插图，这是世界上关于热兵器制作工艺流程的最早记载。

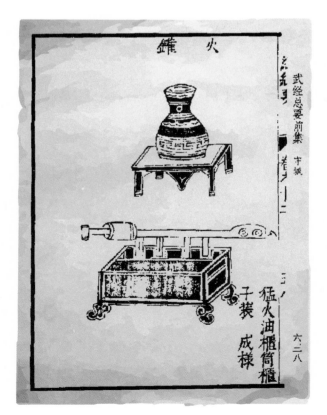

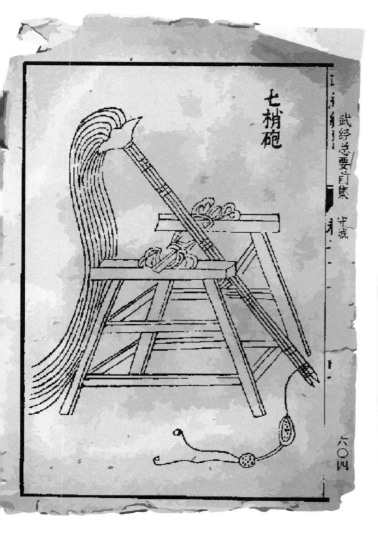

七梢砲

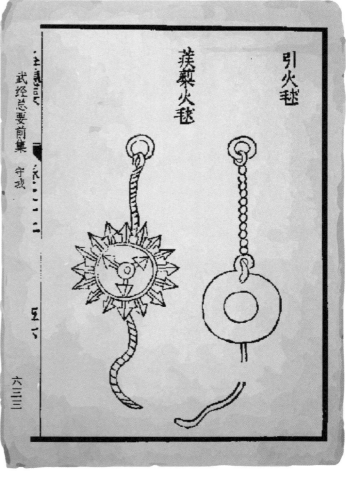

引火毬

蒺藜火毬

古代的火器可以说是洋洋大观。现在，我们就和小明一起看看各款火药武器的大比拼吧。

通锥

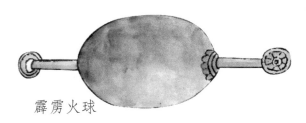

霹雳火球

钩锥

铁火炮

铁火炮又称震天雷，是宋元时期军队中用的爆炸火器。它的外壳通常由生铁铸成，里面装着火药，并留有安放引线的小孔。点燃引线，火势烧到铁壳内，火药就会把铁壳爆碎，以此来击杀敌军。铁火炮威力巨大，广泛应用于攻守城池、水战和野战。

合碗式铁火炮

罐式铁火炮

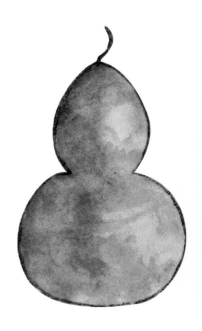

葫芦式铁火炮

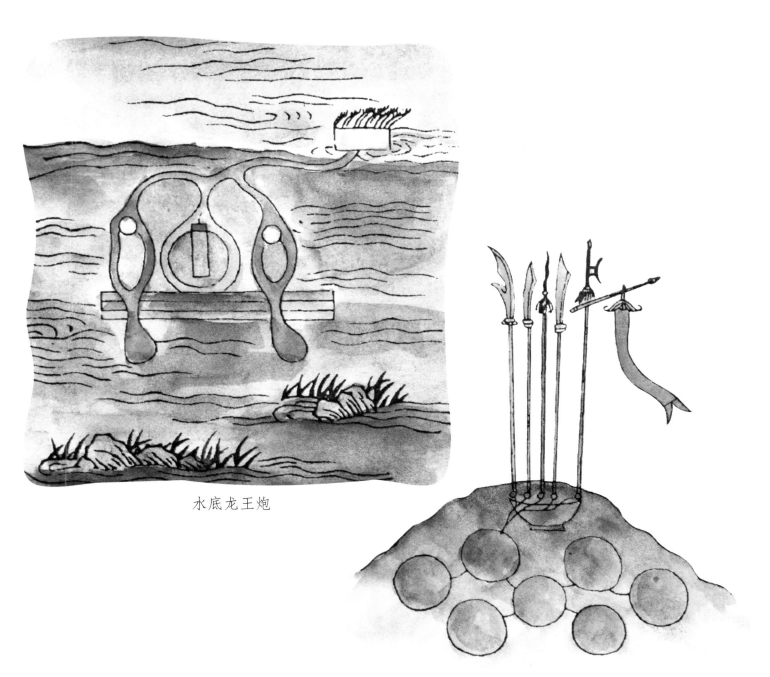

水底龙王炮

伏地冲天雷

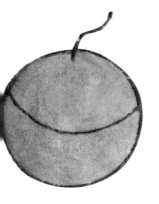

球式铁火炮

地雷、水雷和爆炸性炮弹等火器都是以铁火炮为基础研制而成的。

火球

火球又称火药弹，出现于宋代初期。它主要用来放火或放烟。制作火球时，先将含硝量低、燃烧性能好的黑火药团成球状，然后用纸、麻或薄瓷片包裹起来，再在表面涂满油脂，用来防潮和助燃。有时，还会在火药里掺入有毒或能够产生浓烟的材料。使用时，把火球引燃，抛向敌军，用火球发出的火焰或毒烟杀伤敌人。

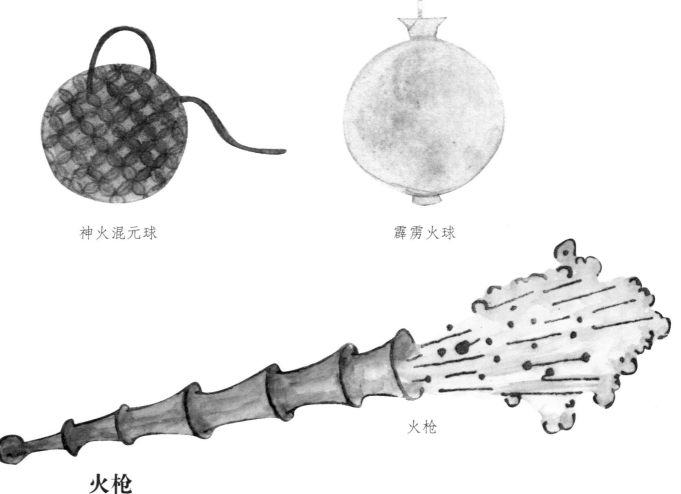

神火混元球

霹雳火球

火枪

火枪

火枪，最初的时候叫突火枪，出现在南宋中晚期，以巨竹筒为枪身，内部装有火药与子窠（类似于子弹）。点燃引线后，火药喷发的力量把"子窠"射出，可以说，这是后来步枪和子弹的雏形。到了元代，火枪用的竹管换成了生铁管，火药配比也进行了调整，弹丸的威力大大增加，火枪的威力、射程、耐久度大大提高。

猛火油柜

猛火油柜是一种能够连续喷火的火焰喷射器，发明于宋代。"猛火油"就是石油的原油。据《武经总要》记载，猛火油柜用猛火油作为燃料，通过火药的引燃和机械的加压，能够喷出"火龙"，烧伤敌军及烧毁敌军的装备。

火铳

　　火铳是对元朝及明朝前期铜制或铁制管状射击火器的总称。火铳包括前膛、药室和尾銎三个部分。使用时，先点燃通向药室的引线，引燃药室的火药，借助火药的爆炸力将预先装在前膛内的弹丸射出，以杀伤敌军。

明初铜火铳

战铳

鸟铳

　　鸟铳是明清时期对火绳枪的称呼，明朝时由欧洲传入中国。与之前的火铳相比，它增设了准星和照门，更利于瞄准。点火方式上，它用火绳作为火源，扣动扳机点火，不但火源不易熄灭，而且提高了发射速度。它的基本结构和外形已接近近代步枪，是近代步枪的雏形。

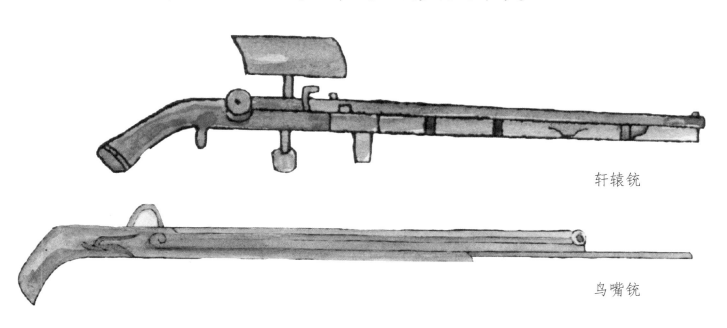

轩辕铳

鸟嘴铳

"小黑"走向世界

火药武器是怎么传到外国的呢？其实是通过战争。

宋朝的火器已经很厉害了，不过宋被金打败了，金学会了宋的火器。后来，蒙古军打败了金，启用掌握火药、火器技术的工匠们，使蒙古军队很快拥有了火器。

　　后来，成吉思汗西征，蒙古军队使用了火药武器。作战中，阿拉伯人缴获了火箭、毒火罐、火炮、震天雷等火药武器，进而学会了火药武器的制造和使用。

阿拉伯人在与欧洲国家的战争中使用了火药武器，欧洲人也在与阿拉伯国家的战争中，逐渐掌握了制造火药和火药武器的技术。

从此，火药和火药武器传入欧洲，走向世界，也彻底改变了战争的样子，甚至改变了人类社会。火药和火药武器的广泛使用，是世界兵器史上的一个划时代的进步，使整个作战方法发生了翻天覆地的变革！可以说，中国的火药推进了世界历史的进程。

第四份工作："小黑"成了梦想家的帮手

其实，"小黑"在参军的同时，还成了梦想家的帮手。这个梦就是飞天梦。

明朝洪武年间，有一个人名叫陶成道，曾被朱元璋封为"万户"。他非常爱科学，梦想利用火药将人送上蓝天，去亲眼观察高空的景象。

　　一切准备就绪，陶成道命令弟子点燃火箭。弟子知道，如果试飞失败，师父就会有生命危险。但陶成道毫无惧色，为了飞天梦想，甘愿粉身碎骨。弟子实在拗不过他，就点燃了火箭。随着一声巨响，陶成道随着火箭升上了天空，很快，第二排火箭很顺利地自动点燃。众人开始欢呼起来。

　　突然，陶成道所乘坐的"飞行器"燃起了熊熊大火。陶成道则满身是火，从天空坠落下来，手里还紧紧地拽着两个风筝。

陶成道为科学献身的精神，得到了世界的公认。美国一位飞行器公司的创建者，称陶成道是人类第一位进行载人火箭飞行尝试的先驱。

为了纪念陶成道，国际天文学联合会将月球上的一座环形山命名为"万户"。

现在的"小黑"：灿烂的使者

　　小明和爸爸一整天都在研究火药的历史。不知不觉中，夜幕降临，整个小城也渐渐安静下来。

　　突然，一声巨响，夜空变得无比灿烂，城市也变得热闹起来。原来，外面正在燃放节日的焰火。

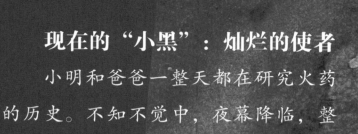

看着美丽的焰火，爸爸说："还记得北京奥运会开幕式吗？那一串脚印，似乎告诉人们'小黑'一路走来的历程。如今它告别了战场，再次成为喜悦的使者和梦想的助手。"

是啊，用"小黑"打仗的时代已经过去了。如今黑火药在战争中早已淘汰，但仍然在民用方面发挥作用，最常见的就是焰火和爆竹，**"小黑"的爆炸声，不再意味着战争，而是在帮助人们表达喜悦，庆祝收获。**

小明突然想："小黑"对这份工作，应该会非常喜欢的，直到永远……

提示：**火药易燃易爆，属危险品，故不再设计实验环节，且不建议小读者和家长自行研究探索火药。**